记住乡愁

——留给孩子们的中国民俗文化

刘魁立◎主编

第七辑 民间礼俗辑

本辑主编 萧放

首饰

宋颖◎著

黑龙江少年儿童出版社

编委会

序

亲爱的小读者们，身为中国人，你们了解中华民族的民俗文化吗？如果有所了解的话，你们又了解多少呢？

或许，你们认为熟知那些过去的事情是大人们的事，我们小孩儿不容易弄懂，也没必要弄懂那些事情。

其实，传统民俗文化的内涵极为丰富，它既不神秘也不深奥，与每个人的关系十分密切，它随时随地围绕在我们身边，贯穿于整个人生的每一天。

中华民族有很多传统节日，每逢节日都有一些传统民俗文化活动，比如端午节吃粽子，听大人们讲屈原为国为民愤投汨罗江的故事；八月中秋望着圆圆的明月，遐想嫦娥奔月、吴刚伐桂的传说，等等。

我国是一个统一的多民族国家，有56个民族，每个民族都有丰富多彩的文化和风俗习惯，这些不同民族的民俗文化共同构筑了中国民俗文化。或许你们听说过藏族长篇史诗《格萨尔王传》

中格萨尔王的英雄气概、蒙古族智慧的化身——巴拉根仓的机智与诙谐、维吾尔族世界闻名的智者——阿凡提的睿智与幽默、壮族歌仙刘三姐的聪慧机敏与歌如泉涌……如果这些你们都有所了解，那就说明你们已经走进了中华民族传统民俗文化的王国。

你们也许看过京剧、木偶戏、皮影戏，看过踩高跷、耍龙灯，欣赏过威风锣鼓，这些都是我们中华民族为世界贡献的艺术珍品。你们或许也欣赏过中国古琴演奏，那是中华文化中的瑰宝。1977年9月5日美国发射的“旅行者1号”探测器上所载的向外太空传达人类声音的金光盘上面，就录制了我国古琴大师管平湖演奏的中国古琴名曲——《流水》。

北京天安门东西两侧设有太庙和社稷坛，那是旧时皇帝举行仪式祭祀祖先和祭祀谷神及土地的地方。另外，在北京城的南北东西四个方位建有天坛、地坛、日坛和月坛，这些地方曾经是皇帝率领百官祭拜天、地、日、月的神圣场所。这些仪式活动说明，我们中国人自古就认为自己是自然的组成部分，因而崇信自然、融入自然，与自然和谐相处。

如今民间仍保存的奉祀关公和妈祖的习俗，则体现了中国人崇尚仁义礼智信、进行自我道德教育的意愿，表达了祈望平安顺达和扶危救困的诉求。

小读者们，你们养过蚕宝宝吗？原产于中国的蚕，真称得上伟大的小生物。蚕宝宝的一生从芝麻粒儿大小的蚕卵算起，中间经历蚁蚕、蚕宝宝、结茧吐丝等过程，到破茧成蛾结束，总共四十余天，却能为我们贡献约一千米长的蚕丝。我国历史悠久的养蚕、丝绸织绣技术自西汉“丝绸之路”诞生那天起就成为东方文明的传播者和象征，为促进人类文明的发展做出了不可磨灭的贡献！

小读者们，你们到过烧造瓷器的窑口，见过工匠师傅们拉坯、上釉、烧窑吗？中国是瓷器的故乡，我们的陶瓷技艺同样为人类文明的发展做出了巨大贡献！中国的英文国名“China”，就是由英文“china”（瓷器）一词转义而来的。

中国的历法、二十四节气、珠算、中医知识体系，都是中华民族传统文化宝库中的珍品。

让我们深感骄傲的中国传统民俗文化博大精深、丰富多彩，课本中的内容是难以囊括的。每向这个领域多迈进一步，你们对历史的认知、对人生的感悟、对生活的热爱与奋斗就会更进一分。

作为中国人，无论你身在何处，那与生俱来的充满民族文化DNA的血液将伴随你的一生，乡音难改，乡情难忘，乡愁恒久。这是你的根，这是你的魂，这种民族文化的传统体现在你身上，是你身份的标识，也是我们作为中国人彼此认同的依据，它作为一种凝聚的力量，把我们整个中华民族大家庭紧紧地联系在一起。

《记住乡愁——留给孩子们的中国民俗文化》丛书，为小读者们全面介绍了传统民俗文化的丰富内容：包括民间史诗传说故事、传统民间节日、民间信仰、礼仪习俗、民间游戏、中国古代建筑技艺、民间手工艺……

各辑的主编、各册的作者，都是相关领域的专家。他们以适合儿童的文笔，选配大量图片，简约精当地介绍每一个专题，希望小读者们读来兴趣盎然、收获颇丰。

在你们阅读的过程中，也许你们的长辈会向你们说起他们曾经的往事，讲讲他们的“乡愁”。那时，你们也许会觉得生活充满了意趣。希望这套丛书能使你们更加珍爱中国的传统民俗文化，让你们为生为中国人而自豪，长大后为中华民族的伟大复兴做出自己的贡献！

亲爱的小读者们，祝你们健康快乐！

二〇一七年十二月

目录

引子 …… 1

头饰 …… 11

耳饰 …… 23

颈饰 …… 33

腕饰 …… 41

手饰 …… 49

腰饰 …… 57

结语 …… 67

引子

引子

上古时期，人们住在洞穴中，生活在野外，没有形成规模化的生产和定居生活，穿着兽衣兽皮保暖，用花朵草叶装饰，并没有形成衣冠制度。

人们对生活和劳动中经常能够采集到的植物果实、种子，动物的羽毛、牙齿、骨骼以及宝石等产生了朦胧的认识，他们把这些当作举行祭祀仪式和巫术活动时必须使用的神秘物，赋予它们神圣的力量。如将植物果实或种子穿起来挂在女性身上以祈求生育和繁衍；将动物的毛皮、牙齿、骨骼挂在男性身上以祈求狩猎的成功和平安；将玉石雕琢连缀起来，带在祭司的身上，以祈求上苍的护佑，与神对话。

早期的装饰物大多取自天然。在距今25000年前的山顶洞人遗址和其他古老的史前文化遗址中，都发掘了大量的装饰物。其中有头饰、颈饰、腕饰等，材料有天然美石、兽齿鱼骨、海里的贝壳等。这些材料大部分来自于劳动收获。最初，这些战

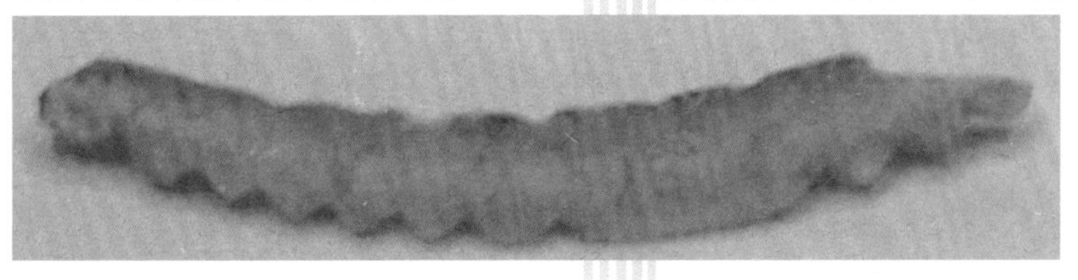

蚕形骨饰 河南省郑州市文物考古研究所藏

利品或劳动收获，只是作为勇敢、灵巧和有力的象征而佩戴。后来，正是由于它们是勇敢、灵巧和有力的标记物，能够引起审美的感觉，逐渐形成美的观念。

懂得虚心学习的古人，通过观察鸟兽华丽的羽毛花纹，逐渐学会用植物染色，继而发现了五种颜色的区别和差异。之后，又用丝麻和棉帛逐渐替换了原有的兽皮，并从自然界中取用宝玉矿石等原料，制作冠冕、衣物和装饰品。

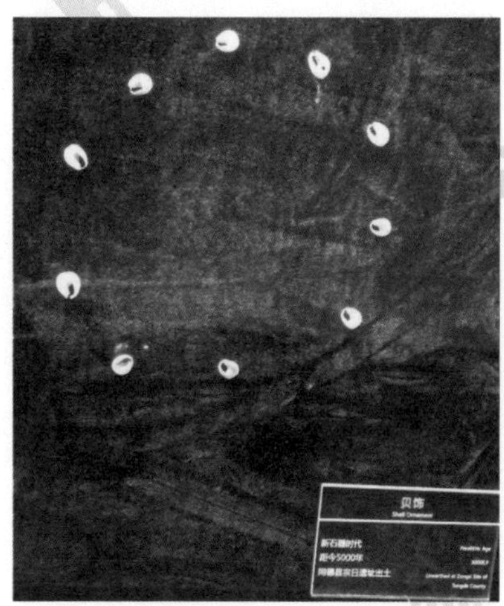

新石器时代的贝饰

在旧石器文化遗址中，出土过不少头上、腰上和身上佩戴的骨饰等物品。新石器文化遗址中的代表之一——仰韶文化遗址，持续时间大约从公元前5000～3000年，因地处黄河中游流域，出土了大量精美花纹的彩陶制品，表现出较高的工艺制作水平。人类在这一阶段，已经学会了纺织，各类装饰品也有了明显的发展。早期饰品有不少做成了动物的形象，如虎、鱼等，或者是在雕刻中模仿动物、植物、自然界的花纹图样，如水纹、云纹等，也有神秘的龙、凤图样，蕴含着希望获得超凡的动植物能力的祈愿。

历代传承的冠冕制度产

生于夏商时期，至周代发展非常完善，不同等级有相对应的服饰规矩，青、赤、黄、白、黑等五种颜色也随之形成了具体穿着的要求和严密的等级规定，也因而产生了与衣服相配合的首饰的佩戴规矩。

首饰，俗称“头面”，本来是男女适用的装饰物，通常指全身的装饰品。早期讲究君臣佩玉，且等级不同，所执玉器也不同。根据时间的变化，装饰品发生相应的变化。对于天子而言，衣服分春、夏、秋、冬，各有穿着规定，在重大祭祀场合还专门有完整的礼服制度，比如在秋天，要穿白衣，佩白玉，不能乱了规矩。白玉，被视为最高规格的装饰品。根据人们的身份地位不同，装饰品也有所区分。在《礼记·玉藻》中记有，“天子佩白玉，公侯佩山玄玉，大夫佩水苍玉”。

玉器，很早就普遍被人们看成是充满巫术力量的神圣之物。玉石，也是首饰采用的早期原料之一。最早的

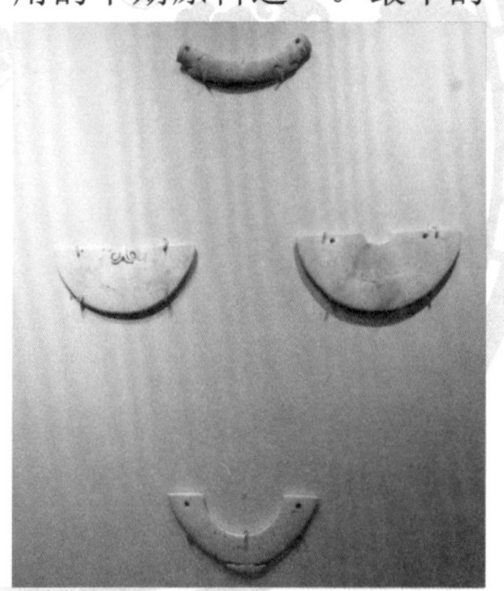

新石器时代玉璜　浙江省文物考古研究所藏

玉璧和玉环　齐家文化出土

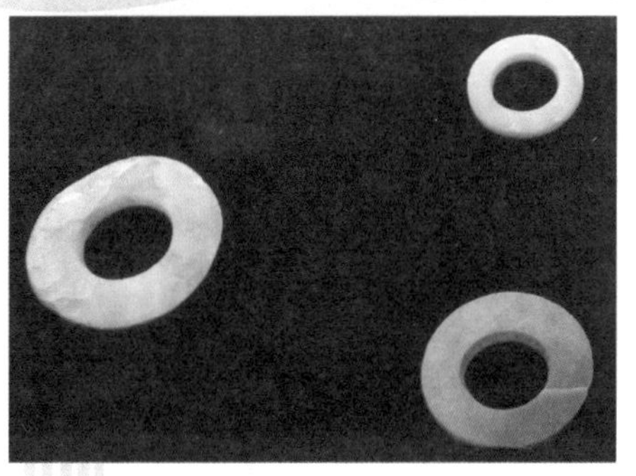

玉器，大多是举行重大祭祀仪式时所使用的礼器。特别是大件的玉器，雕刻精美，通常具有超凡的神圣意味。考古所见到的玉器，很多是陪葬专用的礼器。随着物产的丰富，装饰性的小件或单件玉器，逐渐成为人们日常佩戴的首饰，在很长一段历史时期中，玉器一直是尊贵的社会地位和身份的标识。

每一次战乱都会造成礼制崩坏，每一次大一统之后的王朝又会重新确立自己的衣冠制度。首饰作为配件，随着衣冠制度的变化而发生着变化。秦汉时期，中原地区的人们衣着颜色以青、绿为多。与服饰相配合，首饰和佩饰比较丰富，常见的头饰如笄、簪、钗等主要用来固定发髻，还有以金银珠宝装饰的步摇，是古代头饰中非常具有代表性的饰品。步摇是中国古代女子非常有特色的一种发饰，也称“珠松”“簧”，即在簪钗上附着缀有金银珠玉做成花枝等形状的饰物，是女性专用的一种首饰，走路时随着身体的移动而摇曳多姿，所以称为“步摇”。最早出现于战国时期，唐五代时期非常流行。主体用黄金制成，穿有白色珠玉，花枝招展，有的还镶有神兽或凤鸟。

商代　玉猪龙
河南安阳出土

在吉林、内蒙古、河北等地出土的匈奴、鲜卑等少数民族的首饰，以及新疆等地出土的丝路首饰，也有各自的文化特点，与中原文化相互映照，形成了中华文化的整体风格。

魏晋南北朝时期，形成了中华文化的一次大融合。北方少数民族服饰制度向中原地区靠拢，而中原地区的宽袍大袖，也逐渐转化为轻便适体的衣物，尤其是上衣讲究简略。与此相适应，首饰也变得简小灵活，有的图案式样明显具有北方族群的骑射生活风格。

隋唐时期，头冠镶珠、玉耳、玉笄、玉簪、玉佩、玉环、玉钩、珠翠等饰物又回到天子礼服制度中，并依据官职高低而有适用的相应规定。唐代是中国历史上经济和文化的繁盛时期，同

|春秋　镂空夔龙纹金饰　陕西省考古研究院藏|

|春秋　狼形银饰　甘肃省文物考古所藏|

|战国　噬虎金牌饰　甘肃省博物馆藏|

时也是与周边国家和地区，特别是中亚等地交往频繁的时期。衣着大多以红色为美，流行风尚频繁变更。当时流行一种“回鹘装”，穿着这种服装时，头发要梳成“回鹘髻”，这种发髻上要另外戴上一顶缀满珠玉的桃形金冠，上缀凤鸟。两鬓一般还插有簪钗，耳边和颈项分别佩戴精美的首饰。衣着和首饰之间形成呼应，颇具特色。

宋、辽、夏、金、元时期，中华文化又一次进入融合期，服饰制度有比较大的变革。天子衣着分为三类：衮冕、远游衣和常服。后妃的衣着根据场合分为四种，每一种都有相应的首饰相配衬。唐代开始流行的“幞头”（男子用来裹头的一种头巾），在宋代之后，出现凤翅和金箔等装饰，发展出很多花样。这时讲究的“簪戴”，是指幞头簪花，在祭祀天地、祖先等重大仪式之时，大臣和随从们都要簪花。礼制上使用的花，用绫罗绢纱制成，以红色、黄色、银红为美，罗花、绢花是逢年过节皇帝赏赐大臣、后妃的主要礼物，在宋代非常兴盛。辽金时期的妇女梳妆也有自身的特点，发式收束为美，妇女一般喜欢用各色的绢纱拢住发髻，上面再点缀一些玉钿、金珠。

明代整顿和恢复了传统的汉族服饰礼仪，以幞头、袍衫、玉带、皂靴为基本风貌。女子衣着分礼服和便服，一般穿紫色粗布，崇尚紫、绿之色，不许使用金绣和红、黄色，因为只有皇家贵族才可使用大红、鸦青和黄色。随着服饰的尊卑再次变得严格，民间流行的首饰也随之变得简朴，尽管如此，这一时期首饰的手工艺制作已格外精细。

人类文明发展至繁盛成熟阶段，首饰的花样也逐渐从模仿自然，祈求自然力量的意蕴转向对于人文价值的追求，各种配饰的象征意义充满了人文色彩。如首饰制作成梅、兰、竹、菊、葫芦、蝙蝠、柿子等式样，不仅追求装饰之美，更主要的是，追求这些小物件背后隐藏的文化意义，充满人格理想和高雅的审美趣味。首饰的制作技艺也日趋追求精巧，从简单的磨制雕刻，转向点缀、镶嵌并与多种工艺相结合的复杂打制，特别是贵族的首饰，愈发变得精美而繁复。

明代末期战乱频繁。此时，满族的先祖南下中原，建立了政权，国号为“清”。数千年来的宽袍大袖、拖裙盛冠被废止，衣着服饰发生了巨大变革。擅长骑射的满族人，革新了汉人的传统风俗，也为首饰的制作和花样带来了新的风尚。

近现代，随着西方思想涌入封闭的国门，中国人的服饰变得更加自然、随意。

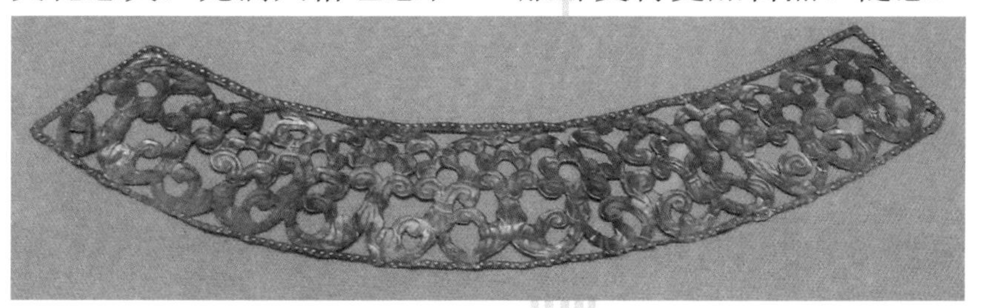

唐代金饰片 甘肃省博物馆藏品

相沿数千年的衣冠制度也随之瓦解，再难恢复。人们失去了等级森严的衣着规矩，有时会出现不知道什么场合该穿什么衣服、该戴什么首饰的窘况。不过，生活在自由的选择中，也不失为现代人的一种便利。传统的金银玉器和有机宝石等依然流行于婚嫁市场，不少宝石进入全球商品交易领域，有些受到全球储量和市场行情的影响，价格涨落不易预测。珠宝和首饰设计成为一项专业领域，让很多人有了挥洒创意的自由空间。

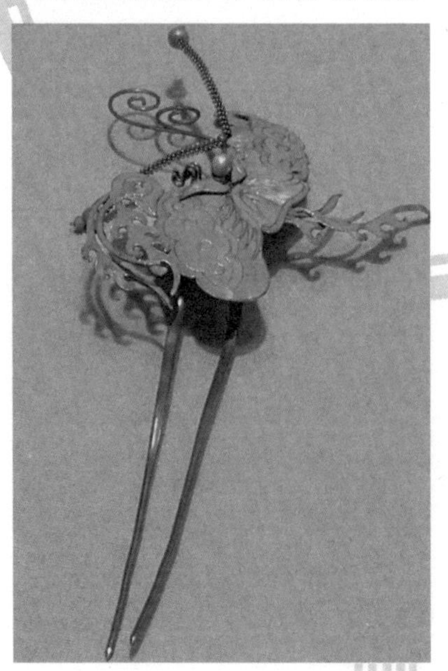

|清代　点翠头簪　首都博物馆展出|

现代社会生活节奏加快，全套首饰的搭配过于隆重，通常只适用于传统婚礼、商业演出和外交场合。现代人奉行“少即多”和“小即精致”的极简原则，一件首饰往往就能够起到画龙点睛的装饰作用。俭省的生活原则中，假首饰成为日常生活中常用的装饰物，即用复制品、仿制品或廉价而闪亮的材料所制作的替代品来取代贵重金属，因而丧失了“社会约定习俗”的重要功能。既非社会身份或地位的象征物，也不再承担家族传承的文化价值，从而变得轻松洒脱，成为真正的装饰品。

头饰

头饰

头饰，主要是指佩戴在发髻上、额上和鬓上的装饰物。与其他部位的首饰相比，装饰性和社会意义更强，主要是女子佩戴的各种笄、簪、钗、梳、比和宝钿等，不仅能够标明社会地位，而且可以装饰头发。

相传从燧人氏发明火的时期开始，妇女就束发为髻。女娲氏抟土造人之后，还用羊毛当绳子把头发都向后收拢系起，最早使用荆棱和竹子作为“笄”，用来贯穿发髻当作固定之物。尧的时候，开始使用铜，作为固定的发笄。可见，笄是最为古老的一种头饰。

在仰韶文化和龙山文化遗址中，都发现了用骨、木、陶等材料制作的笄。基本形状是圆锥或长扁条形，顶端粗宽，末端尖细。商周时期称为“笄”，到了战国之后，大多叫作“簪”，男女都使用。男子主要是用来固定冠冕，最贵重的簪是用玉制作的。后来，簪发展为女子成年礼时所专门使用的一种首饰。

周代，在各种吉时吉礼的时候，妇女头上戴的发笄

骨笄　齐家文化

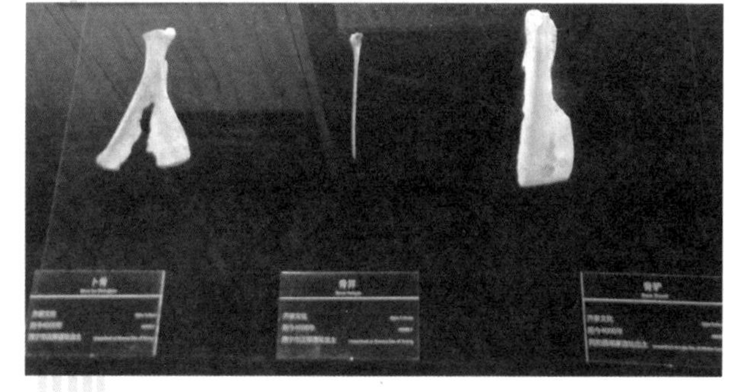

以用玉、象牙或骨制成的为贵，长约6厘米。服丧之时，男女都不戴头冠，而专门用笄和布帛来收束头发。在丧礼时使用的这套“笄纚”与平时不同，女子要佩戴竹制的“箭笄”，长约3厘米。《仪礼》中记载，女子未出嫁时，如果父亲去世了，要为父亲服丧三年，佩戴的就是这种“箭笄”。如果母亲去世，女子佩戴的笄，是用白理木做成的，称为“栉笄”，或者“恶笄”。男子服丧时，使用“鬠笄”，用桑木制成，长约12厘米。

商周至西汉时期，妇女还在发笄之上附加多种饰物，称为“珈”，王后和诸侯夫人，在假髻之上插的发笄数量不等，以“六珈”为贵，区分尊卑。“珈”有些类似于钗头，用满玉做成，两角向下，是笄饰当中最为贵重的一种。

后来的笄，多用贵重金属制作。用绿松石、珍珠、翡翠镶嵌在金银等贵重金属上，式样繁多，也常使用镂花、盘花等工艺，笄的一端常常做成花卉、鸟头、兽头等形状。

春秋战国时期，比较流行男子戴高冠。到了唐代末年，女子也特别流行戴高冠，朝廷下令禁止，也没有什么效果。戴冠之前，需要先把

骨梳　辛店文化

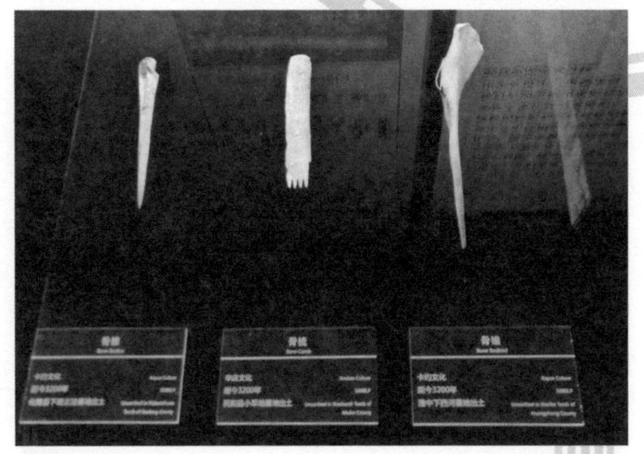

头发束起来。加冠之后，还需要用笄或簪横穿过冠和发髻加以固定。无论男女，头上戴冠时，在冕中起到固定作用的，一般是玉制的“衡”。“玉衡”用来固定冠冕，而“玉笄”用来固定发髻，这两种都是头部的装饰物。冠冕属于服饰类，有的冠冕上点缀金银珠宝，装饰的功能则超越了实际的功用，更接近于首饰。

笄是单股的，而钗是双股的。相传，象牙簪和玳瑁钗最早由舜制作。固定头发使用的钗，起源也比较早。早期用骨制而成的钗，还能从出土文物中见到。如在山西侯马出土过骨钗，在湖南常德出土过楚国时期的木钗。古代文献中还有秦穆公使用象牙钗的记载。到了隋代，隋炀帝的宫里人都喜欢插钿头钗子，而且皇帝经常在端午节的时候赏赐百官玳瑁簪等物，成为一时风气。唐代之后金银制成的钗特别多见，明清时期工艺更为精湛，而且历代形制不同，差异比较大。战国时期，宋玉的《风赋》中记有“翡翠之钗”。用翡翠装饰的发钗，比较贵重。隋炀帝时的宫女们也常用翡翠钗，宋元时期，翡翠钗依然是特别吸引目光的发饰。

钗的花样极多，在金钗之上还另加装饰，特别是用

| 头戴发笄的秦兵马俑 |

西晋 金步摇
辽宁省博物馆藏

翠鸟的尾羽，或者用翡翠做成羽毛状的饰品，比较华丽，一般称为“翠翘”，也称“翡翠翘”“翠云翘”。这种首饰也是女性专用的。自战国至明清，一直沿袭，诗文多有吟咏。有一种相类似的“翠羽”，在晋代时，太子专用，还点缀着白色珍珠，沿用至明代。

钗与鸟的关系非常密切。不仅钗头上常常悬缀着“彩燕”或雀鸟，或凤凰，而且据说在三国时期，西南昆明等地给魏明帝献来一种奇异的神鸟，能够吐出金屑，像小米大小，宫廷里争相用这种金子制作金饰钗佩，称为“辟寒金”。传说在汉武帝的时候就有人曾见过这种神鸟。这种鸟全身黄色，翱翔在海上，害怕寒冷霜雪。于是，人们为它专门搭建小屋，水晶为门，内外通光。喂它珍珠和龟脑，它就会吐出黄金屑来。用这种金子做成的钗珥特别受人追捧。

发簪的簪头工艺越来越讲究，从初期镶嵌绿松石，到唐宋时常用玳瑁、翡翠、犀角、珊瑚。玉、象牙、金银珠翠等，一般是贵妇使用，有等级限制。民间多用木、竹、铜等制作。清代之前的男女都可以用，男子用来固定冠，女子用来系发髻。汉代刘向在《西京杂记》中记载，当汉武帝路过时，拔下李夫人头上的玉簪来搔头，从此之后宫里的人都兴起用玉簪。

簪头的装饰称为“花胜”。东汉明帝时，太皇太后和皇太后等，都使用玳瑁簪。玳瑁为骨，一端有花胜，作凤凰状，以翡翠为羽，下有白珠，坠挂黄金首饰，制作非常华贵精美。装饰用的花胜，通常剪彩帛、色纸、金箔或者通草之类做成各种花朵，有的还另饰有金、玉、翡翠之类，栓系在簪钗之首，插入发鬓作为装饰。汉魏以来，这种装饰蔚然成风。后来男子成婚时也特意要佩戴花胜，簇面拥鬓，颇为隆重。有的男子迫不得已，也要随俗插上一两朵花，宋代孟元老的《东京梦华录》和南宋朱熹的《朱子家礼》中都有相关的记载。

|唐代　凤鸟衔枝鎏金银钗　陕西省考古研究院藏|

|唐代　鎏金铜梳　甘肃省博物馆藏|

玉胜，相传是西王母所戴，以圆形为中心，上下有作梯形的两翼，圆心有孔，使用时系缚在簪钗之首，或者插于两鬓。汉代以后也比较流行。宋代陈元靓在《岁时广记·立春》中记载：“彩鸡缕燕，珠幡玉胜，并归钗鬓”，这种玉胜通常用在立春时节的装扮上。

花胜和玉胜都是用以辟

邪的装饰物。据说东汉时期的张天师以菖蒲为剑、艾叶为虎来驱逐瘟疫虫毒。后来到了端午节，特别是六朝之后，用艾叶做成虎形，或者用彩绸剪成虎形，戴在头上或者身上，祈求安康。宋代时特别流行“玉燕钗头艾虎轻”，妇女的首饰和衣物根据四时的变化而有所变化，到了夏天端午节的时候，到处都是“钗符艾虎”。元明清的时候，也还沿袭旧俗。用绫罗做成虎形，簪在头上，或者给小孩子戴在身上，取“辟邪祛瘟”的古义。

还有一种“人胜”，是在正月初七佩戴在簪头上的。相传这天是人日，男女老少都以彩帛剪成人形，戴在头鬓，或者贴在家中屏风上。《初学记》卷四记载：“正月七日为人日，以七种菜为羹，剪彩为人，或镂金箔为人，……又造华胜相遗，登高赋诗。”剪彩人是为了进入新年之后，万象更新。唐代诗人李商隐有诗句：“镂金作胜传荆俗，剪彩为人起晋风”，可以说明这些习俗能追溯到战国时期。

簪钗是古代男女常用的发饰。围绕这种首饰，故事也多了起来。晋代干宝的《搜神记》中记载，三国时期，有人要献给孙权一枚犀簪。船遇到大风，神灵告诉他，要拿出犀簪供奉，到了石头

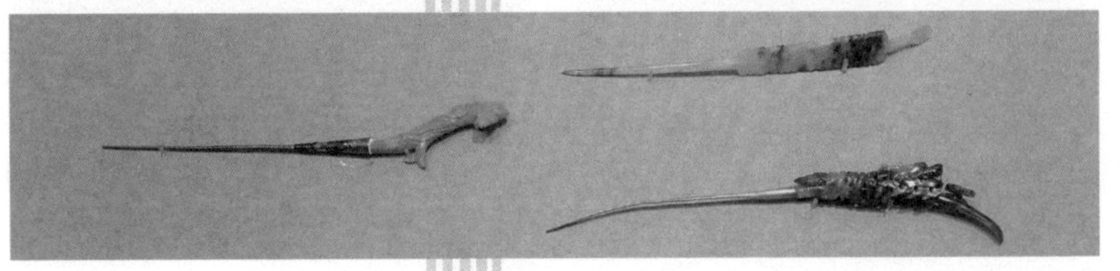

珊瑚凤头簪和翡翠头簪　首都博物馆展出

城再还。到达后，一条大金鲤鱼跳到了船上。剖开鱼肚子一看，犀簪就在里面。元代伊世珍的《嫏嬛记》载，吴淑姬梳妆时，玉簪掉在地上短成两截，不久未婚夫去世了。后来她读到杨子治的诗，想要嫁给他，打开梳妆盒一看，这根断掉的玉簪竟然完好如初了。于是，她高高兴兴地嫁给杨子治了。

清代废止了流传数千年的衣冠制度，女子头上的佩饰也充满时代的风格。不过，钗仍然是经常出现的首饰。一般有鸾形、凤形和雁形，镶嵌宝石、翡翠或珍珠，式样精美、细致。朴素的也有用桑木等制作而成，多为乡野村妇佩戴。

清代富察敦崇的《燕京岁时记》中记载，每年到了三月，换戴凉帽的时候，妇女们的发髻上就换上玉簪，到了秋季，换上暖帽时，妇女们就用金簪。

历代诗文中常常提及女子头上的发钗，用来描写女子的美貌或者寄托思念之情。妇女使用的凤钗，一般也叫作“鬟凤”，每当梳起高高的发髻时，通常要戴上这种发钗，吸引目光。也有用绢花制作的“鬟花”，在闺阁密友之间可以互相赠

嵌宝石金头面 南京市博物总馆藏

双菱形金镶宝石发饰双胜图案 湖北省蕲春县博物馆藏

送，或者作为男女交往的定情信物。

清代妇女的首饰里，有特别讲究的一种钗，钗上有多个齿，称为“排钗”。钗头一般由玉制作而成，钗股包着金片，并连缀三五串珍珠，使用时，钗插在发髻上，珠串能垂到肩上。少的有四排的，多的可以达到十二排，一般在婚嫁等隆重场合佩戴。

清代玉制的发钗，有的是鸦鹊展翅的样子，称为“玉鸦叉”或“玉丫叉”，多为女子的陪嫁物。简单的形状比较单一，称为“玉簪棒儿”，常常是三股扭成的。如果头上发簪的一头带有耳挖，则兼有掏耳朵的功能，一般称为“一丈青”。有的一端尖细，一端较粗，顶端做出一个小勺子的形状，有的一端是蛇矛或者钺斧等造型，另一端扁尖，比较锋利，可用来作为裁纸刀，也用来防身。金银制成的都有，一般斜插在头上。

蝶恋花镶宝石头饰　湖北蕲春县博物馆藏

金凤头饰　湖北蕲春县博物馆藏

女子头上所戴的饰物，在特定的场合则非常讲究，其中最为华丽的是“钿子”。“钿子”多是金银珠宝，有金钿、玉钿、花钿等。从唐代开始，钿子成为后妃贵妇们显示身份和品位的标识。明代后妃在重大礼仪场合

金菊花簪 湖北蕲春县博物馆藏

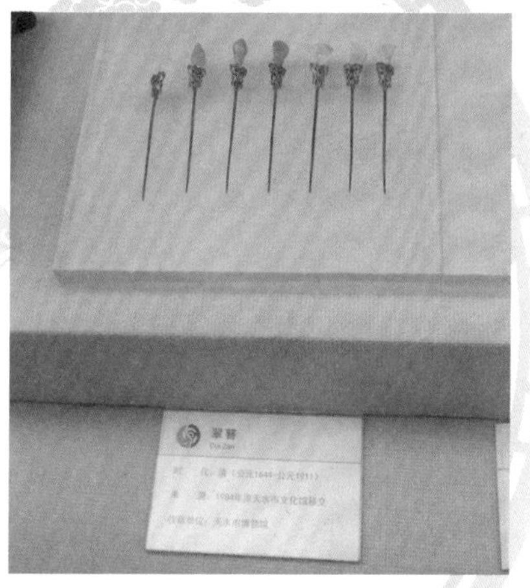

清代翠簪 天水市博物馆藏

要穿礼服、戴凤冠、对宝钿的材料和佩戴也有严格的等级规定。清代崇彝的《道咸以来朝野杂记》中记载：“妇女著礼服袍褂等，头上所带者曰钿子。”这种钿子形状像平顶的帽子，上面窄，下面宽。先使用铁丝或者竹藤制成帽架，再用黑绸折叠成细布条，变成菱形的网状，罩在这个帽架的外面，表面上装饰着金、珠、翠、玉等制成的各式钿花，还有绫罗、丝绒、彩绢等制成的各类花朵。

复杂的有凤钿，在钿帽的檐前装饰一排或者数排的珍珠流苏，前面垂在眉间，后面垂至背部。凤钿一般是结婚的时候由新娘佩戴。其他没有珍珠流苏的，都是“常服钿”，也有多种装饰花样，多是在贺喜庆寿或者过节的时候佩戴。妇女用来梳头的发梳，齿少而疏的称为“梳”，齿细而密的称为“篦”，这两种一般称为“栉”。相传“栉”是赫胥氏造出来的。最早的骨梳，一般是五齿，木制的梳，有二十齿。也有用兽角做的，贵重的有用金银、玳瑁或者美玉做成的。除了清除发垢和寄生虫之外，也可以用作首饰，插在头发或者假发上使用。

早期的梳，本义是“疏通”，也称为“踯躅”。梳把上经常彫凿有多种纹样。在发鬓上“插梳”，已经有四千多年的历史，到了盛唐时非常流行用这种“插梳”作为装饰。晚唐时，流行以两把梳子为一组，上下对插，有的还在发髻两侧插上三组。这个时期，梳背也变得愈加华丽，出现包金、镂花、掐丝等工艺，做成多种花纹样式。倒插的梳子连梳背的图案也做了相应的调整，非常精细。

| 清代点翠钿子 首都博物馆展出 |

| 敦煌壁画中簪花和插梳的妇人们 |

头饰比较醒目，常常表现佩戴者的社会身份、现实生活的状况、审美趣味的偏向等。如清代藏族的老年妇女喜欢在额头上佩戴“白玉”，其实是用绿松石制成的。在妇女第一天佩戴“白玉”时，亲戚朋友还要前来祝贺。这宣告着结束了生育的痛苦。对于藏族妇女而言，意味着从此可以安心念佛。

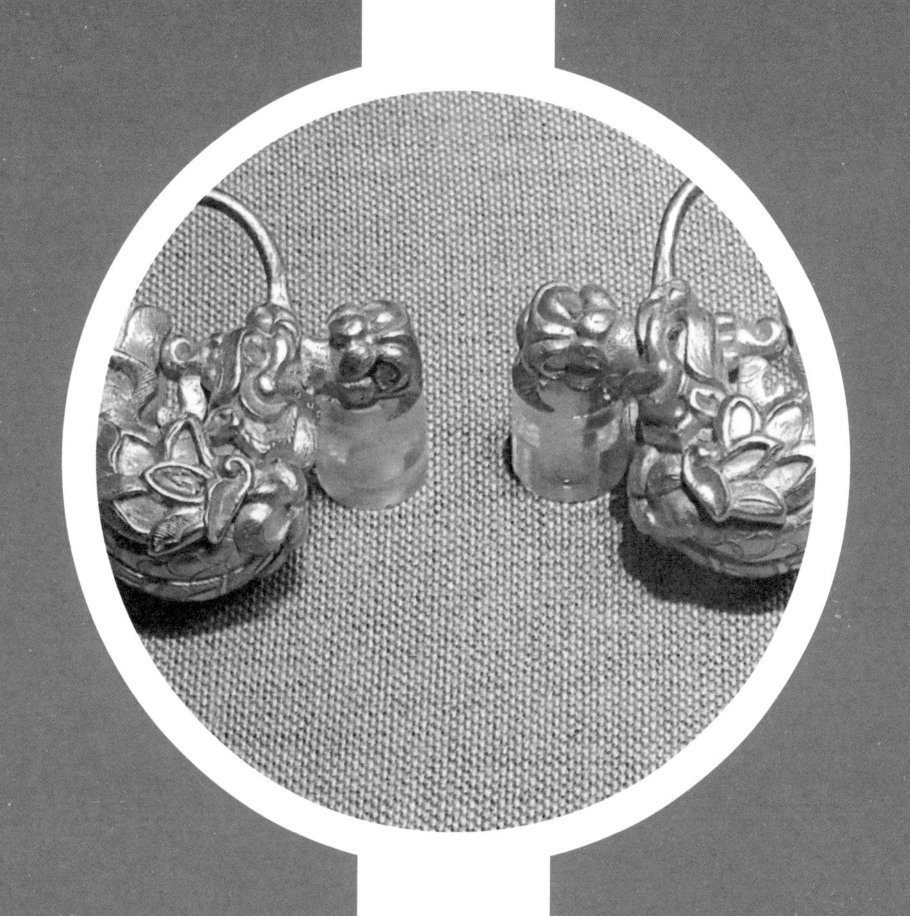

耳饰

耳饰

耳饰，是指装饰在耳朵上或耳边的饰物。古时，少数族群佩戴较多，宋之后在中原也逐渐流行开来。一般男女都可以佩戴，但是以女性为主，主要有耳环、耳坠和耳钉几种。古代根据不同的功用，有不同的称呼，如玦、瑱、珥、珰等。

玦，是非常古老的耳饰，大多是有缺口的环状物，早期多是玉石制作而成，旧石器时代有出土的骨玦和玉玦，而在新石器时代出土的更为普遍。商周时期的玦，纹样装饰繁复华美，汉代之后在西南少数族群中有所出现，中原地区不再流行。

这一变化主要是因为在夏商之前，奴隶是有穿耳的，不分男女，耳垂下部都有穿孔，带有明显的身份标识。进入商周之后，特别是周，礼制思想确立，人的穿着打扮有了明确的规定。古老的穿耳习俗，破坏身体的完整，被认为是惩罚措施，或者是贫贱无礼所为。因此，从周到汉唐，直至五代时期，耳饰在中原地区极为罕见，偶有发现，都是下层奴仆或是边陲之地的其他族群。中原地区出土的耳饰并不多见，而在北方和西部的族群地区，燕山以北、青海、新疆、甘肃等地，出土的耳饰比较多。原始社会的耳饰主要是以玉石为主，后来逐渐被金属耳饰取代。因此，玉玦的数量迅速减少，而发现的金铜耳饰越来越多。

对于讲究礼制的中原地区，发明了男戴充耳，女戴簪珥，实现了将一些装饰物垂在耳边。特别是充耳，礼制的意义非常突出。这些装饰物有不同的称呼和佩戴方式。

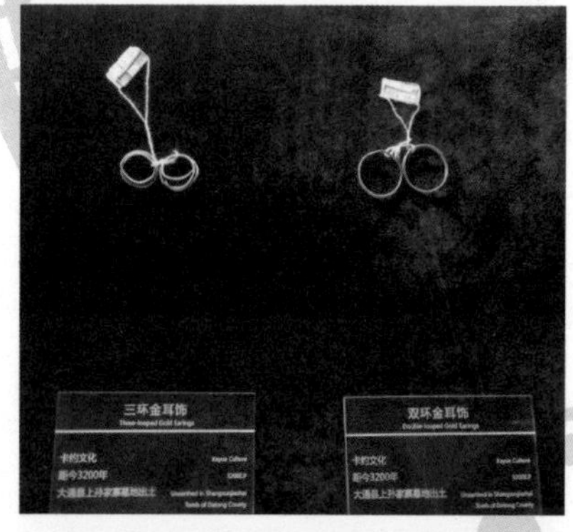

|3200 年前的金耳饰|

|喇叭形耳环|

瑱，充耳所用。最早出现于先秦时期，一直沿用到明代。最初是用在男子的冕上，分别垂在两耳侧边，以戒妄听。而且只用于冕冠之上，只有帝王、皇子、王公贵族在特别隆重的场合才可以佩戴。材料也有规定，一般讲究天子用玉，诸侯用石，士用象牙。形状圆而略长，可以塞于耳中。《诗经·鄘风·君子偕老》中提到了“玉之瑱也”，汉晋时期注释《诗经》的几位大家都认为，这种饰物是用来“充耳”的。系瑱的丝带也有相应的规定，天子一般用五色，而大夫用三色。后来也有出现棉质的充耳，被称为“纩”，用黄色丝绵做成，在天子的冠冕上悬垂使用。明代时，

这种“纩”和“玉瑱”仍然出现在冠冕当中。

女子佩戴的饰物中最流行的是簪珥。先秦的“珥”，一般用琉璃、玉石等制成，空心圆筒状，使用时悬于两侧耳垂，或者系附在发簪之上。因此，珥的历史，几乎和头上戴的“笄”和“簪”的历史一样长。先秦时期的《列子·周穆王篇》曾经记载过女子施粉黛时，要“设笄珥”和“佩玉环”，这是当时最为流行的首饰。

珰，是嵌入耳垂穿孔中的耳饰。本是边陲少数族群使用的首饰，秦汉时期传入中原，演变为一种耳饰。汉代刘熙在《释名·释首饰》中记载：“穿耳施珠曰珰。此本出于蛮夷所为也，蛮夷妇女轻浮好走，故以此珰锤之也，今中国人效之也。”这种耳珠，用作妇女的耳饰时，通常是用玻璃、琉璃制成的，透明晶莹，一般是圆筒状，中间收缩，两端或一端宽大，呈喇叭口形，中心贯有孔，起先是穿入耳中，后来逐渐发展成耳坠，佩戴时系在耳垂上，叮当作响。

汉代时，珥是笄簪的附件，悬挂摇曳，用来作为垂在耳边的装饰物，“耳珰垂珠”。南北朝时，除了以往玉制的耳珰，还有黄金制成的。到了唐宋时期，颇为流

| 十六国时期鎏金耳坠 |

明代　葫芦金耳坠　甘肃省博物馆藏

行，不少记载都提到，在节日集市的热闹过后，常常有人拿着小灯照明，在街上捡拾女子遗落的耳珰。

在明代《警世通言》里有个著名的故事《杜十娘怒沉百宝箱》。这位小女子被赎身后，本以为能够从此过上安心幸福的日子，没想到被托付终身的人在赌博当中抵押出去，最终输给了别人。因此，她抱着装满全部家当的百宝箱投江了，这里面有“翠羽明珰，瑶簪宝珥”等，“约值百金”。

摩羯形金耳坠　内蒙古考古文物研究所藏

另有一种珰，刚兴起的时候，汉代的士人特别是皇帝的近臣常常使用，女近侍也可以用。一般是用银制成珰，貂尾戴在左侧。到了光武帝之后，由宦官专用，他们把金珰这种黄金牌饰戴在头冠前，配有貂尾，戴在右侧，表示天子的恩宠。金珰像盾牌一样，中心饰有蝉纹，边上装饰连续的植物纹样，或者进行雕镂，在花纹上还附着小金珠，并嵌上宝石。南朝宋以后，王公贵臣加侍中、散骑常侍才能佩戴。

耳环出现得比较晚，基本在宋以前是见不到的。“身体发肤，受之父母”，穿耳被认为是伤害身体的行为，对于父母来说是极大的不孝。因此，宋之前一般不太容易见到汉人戴耳环的图像或实物。极个别出现的，可能是作为与周边族群交往的一种佐证。

关于耳环的记载，最早可见是在晋代，但是佩戴的人并非中原地区，而是为戎夷之人贯耳所用，在云南古滇国等地多有发现。《山海经·中山经》中记载：“人面而豹文，小腰而白齿，而穿耳以鐻。”古代使用金银制成的“璩”。《后汉书·张奂传》中记载：“先零酋长又遗金鐻八枚，奂并受之。”明确写有“耳环”的记载，如《南史》讲林邑国人，“穿耳贯小环”。《瀛涯胜览》中记载：“阿丹国妇人耳戴金厢宝环。”《贵州通志》中记载：“土人女子耳戴大环垂玉肩。”这种饰物中原地区男子不佩戴，在宋之后，女子才在耳垂上穿有耳洞，并逐渐流行起来。

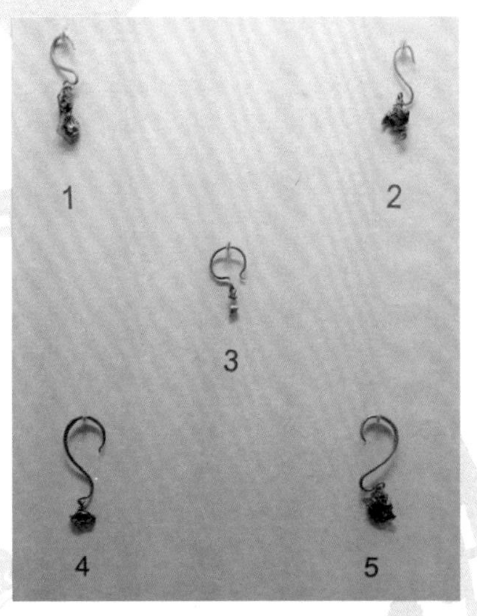

| 明代掐丝和累丝工艺金耳坠 2017 江流古战场遗址 |

在耳环的基础上，发展

出耳坠。耳环不可摇晃，耳坠则来回摇荡，摇曳生姿。宋元女子多戴耳环，花样以瓜果、花叶为主。石榴、荔枝、茄子和葵花、菊花、梅花等都是常见的题材。折枝为多，生动精细，寓意吉祥。少量有嵌宝，珍珠耳饰最为珍贵。元代对于女子的饰品也有比较严格的等级规定，只是对于耳环没有特别要求，珠玉都可以用，非常宽松。因此出土的耳饰中，金珠碧甸占据了大多数。葫芦形或两珠连缀形比较多，寓意万代吉祥，和谐美满。绿松石发源于波斯，元代的黄金镶绿松石首饰比较多见。白色在元代是受追捧的颜色，他们认为白色存有灵性力量，因此，白色的珍珠首饰在元代也受到特别的喜爱。

明代首饰制作工艺精良，耳饰的式样越来越丰富。耳环在宋之后逐渐流行，连有环脚的部分逐渐发展出细弯钩，明代典型的耳环是在耳后伸出很长一段，作“S”形，看起来很端庄。讲究一点的，在环面上做成扁平状，可以刻字，或者做成花草纹等。明代的耳环比较庄重，而耳坠则比较活泼，未婚少女佩戴较多，款式比较简朴。镶金镶银的垂珠耳坠比较多见，特别的款式则有灯笼形，女子流行戴金灯笼坠子，或者加上累丝工艺，或者镶有红蓝宝石等，有的还连缀着几串白玉珠子。文字形的如“喜”字或“寿”字的耳坠，造型更富有空间感，采用累丝镶嵌工艺，比较精美。明代另有一种耳饰“丁香”，是一种小耳钉，比较流行，大多由金银制成，也有用珠玉，轻巧玲珑。通常是一对佩戴。钉头有镶嵌一粒珠宝的，或者做成花型兽纹，或者就是颗粒状的钉头。

耳坠在清代之后特别流行。宫廷里常用碧玺，西方工艺传入后，钻石、琉璃、珐琅等工艺用在耳饰上也屡见不鲜。清代女子耳上的装饰物，讲究戴“三钳”。满族女性一般是在女孩子出生之后，就在耳垂上扎三个孔，成年时戴上三个耳环或耳坠，称为“一耳三钳”。清代乾隆时期受到汉人的影响，也有一段时期只戴一只，但是很快就被禁止了，还是恢复了三只耳环的戴法。如果女孩子不戴，父母则因此被追究责罚。皇室也戴三只金环，后来才流行追捧“东珠”，镶嵌东珠的耳环也是三副一组，分左右耳戴，共六只。清中后期，流行一只耳环分成三股垂珠，或者镶嵌三只珠子。

清代环形耳钳，或雕花、或镂空、或点翠、或镶嵌、或连缀等等，圆环之上有了多种装饰。妇女流行在金银耳环上穿挂翠玉环，或者用翠玉连环镶嵌，作为装饰。特有的图样是使用佛教中的“如意”或“盘长”，其他组合的吉祥纹样也丰富了耳饰的寓意，比如用蝙蝠和双桃，取义“福寿双全”。

晚清时，有一种夹钳耳饰。这种耳饰不需要穿耳孔，流行于20世纪30年代，当时的妇女们比较流行戴这种耳饰。耳钳一般配有金属制

|戴银耳环和银手镯的现代布依族妇女|

成的弓形轧头，佩戴时将轧头松开，夹在耳垂两侧，然后再旋紧，这种耳饰虽然不用穿耳，也不容易掉落，但是戴久了比较疼痛。

近现代的工业和制造业发展，使得各种材料纷纷用于耳饰制作，如陶瓷、玻璃、塑料、合金、镀金等，这些非传统质料，造型更为丰富，廉价易得，满足了各阶层的需求。长流苏成为了交际花的代名词，而庄重又昂贵的钻石和珍珠仍然是上层名媛的专属。是否穿耳成为了个人化的选择，不再受礼制的约束。

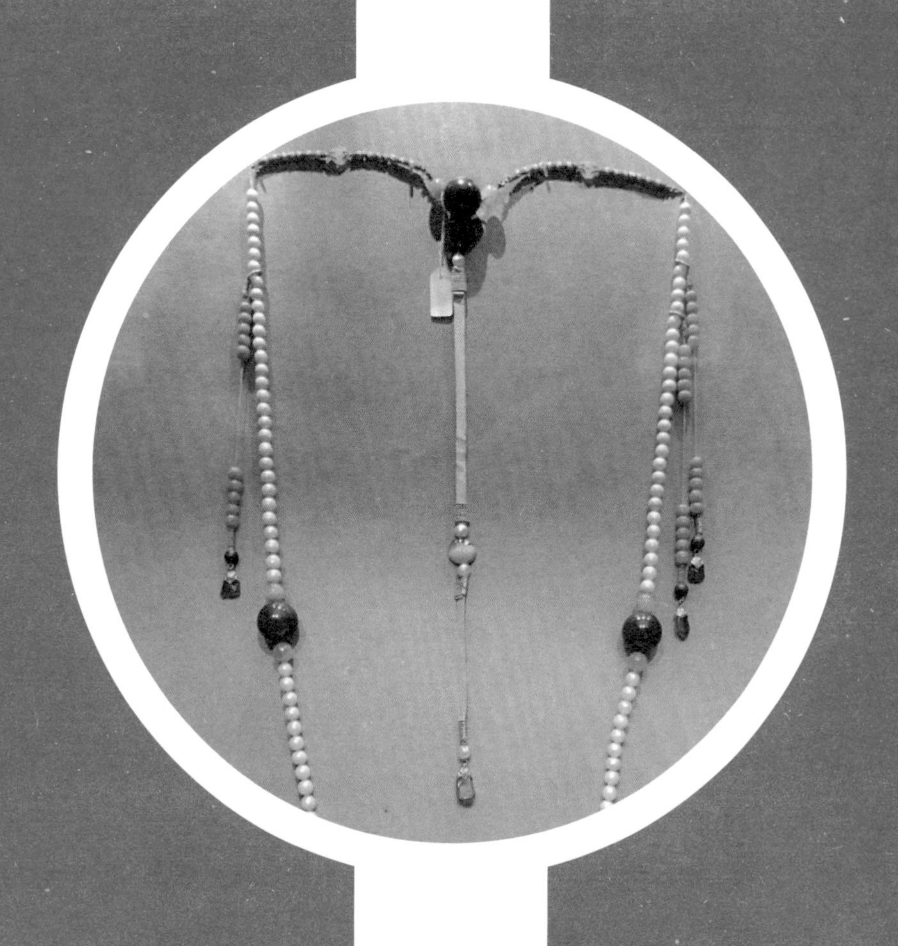

颈饰

颈饰

颈饰，是指装饰在脖颈前后的饰品，因支撑较为方便，一般多为贵重金属或宝石玉器，体积较大，花样繁多。按照形制的不同，大约有链、圈、锁、串等几种。

古代有一种用贝壳相互连接，穿起来作为女子颈饰的装饰品，称为“婴”，也写成两个并列的“贝”。在新石器时代遗址中出土过这样古老的颈饰物件。东汉许慎在《说文解字》中解释：“婴，绕也”，意为颈饰。

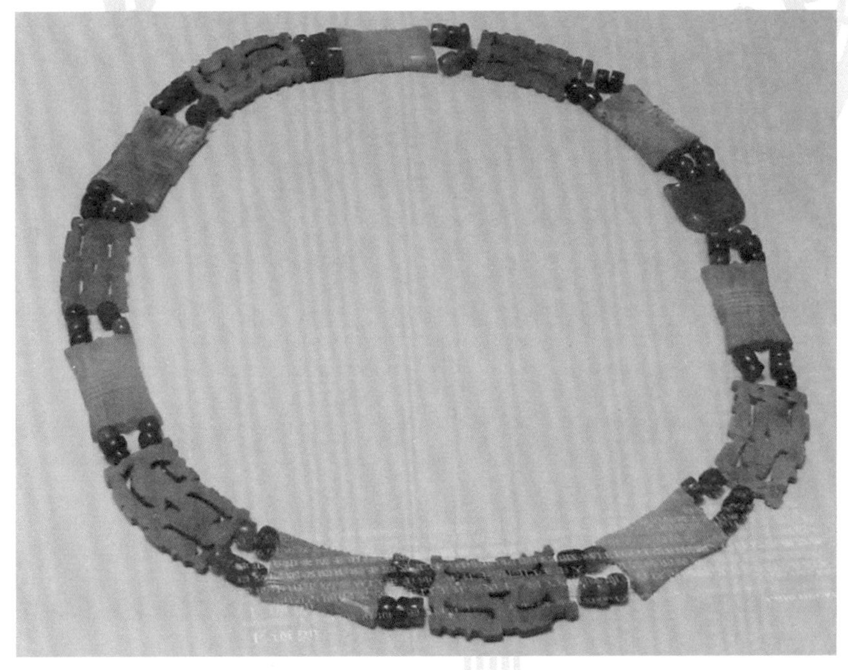

西周晚期　玉项饰　陕西省考古研究院藏

唐代苏鹗也说："女曰婴，男曰儿"，婴能够指代女性，也是因为起初是指连缀而成的贝，宝贝璎珞之类是女子的装饰物。

璎珞也是用珠玉穿成戴在颈项上的装饰物，一般用于宫娥舞姬，璎珞融合项链和长命锁等为一体，把项链的项坠部分扩张为"长命锁"式的装饰。璎珞的上部，通常是一种金属项圈。项圈周围系有多种宝石珠玉，有时在靠近人体的胸部位置，还悬挂着一个类似锁片的物件。在鸠摩罗什翻译的《妙法莲华经》中记载过用金、银、琉璃、车渠、玛瑙、珍珠、玫瑰七宝合成的璎珞。

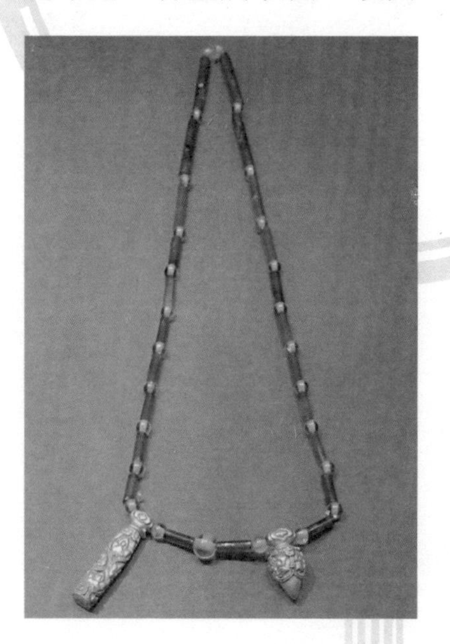

玛瑙水晶璎珞 赤峰出土

敦煌壁画中戴璎珞臂钏的菩萨

唐代颈饰多戴珠链，有单行珠串或者是两行、多行的珠串，后者在敦煌壁画中较为常见。清代的项链多用金银珠宝，下端还挂有各种饰品，讲究用料，翠色莹润，金色纯正。

唐代文物出土过金银扁片制作的项圈。宋代、金代也沿袭了式样相同的项圈。清代初期，男子还流行佩戴项圈，但是很快就废除了。而清代女子继承了项圈的佩戴习俗，并且进行了变革，演变为领约。在各种隆重庆典中，领约是宫廷后妃们穿礼服时专门佩戴在领子上的装饰物。皇后的领约最为华贵，镂金工艺，装饰东珠十一颗，点缀有珊瑚，两端垂着黄色丝绦，中间也各自穿有珊瑚，末端装饰着绿松石。这些宝物历来是宫廷中最高等级的饰品，其他人不能逾矩使用。东珠的颗粒数和丝绦的色彩的不同，表明

敦煌壁画中颈项饰品

| 敦煌壁画中戴颈饰的贵妇人 |

宫廷嫔妃各自的身份和地位。领约的分量很重，用材敦实，造型以古朴端庄为美。领约的开口是活口，刻有蝙蝠、寿桃、鱼等吉祥图案，还可镶嵌珍珠或青金石等质料。

清代服饰制度与前朝都不尽相同。在典礼、祭祀和吉庆节日时，帝王和后妃们主要佩戴朝珠。皇后可以使用东珠一盘，珊瑚两盘；其他妃嫔使用蜜珀一盘，珊瑚两盘。朝珠以珊瑚、蜜蜡为贵，此外其他材质如松石、翡翠、碧玺、水晶等保存至今的也比较多。朝珠用一百零八颗圆珠穿结而成，每隔二十七颗珠子穿结一颗不同质料的大圆珠，称为“佛头”，最大的一颗佛头，戴在颈后，一端结有背云。在佛头左右两侧穿挂三串小珠，每串有小珠十粒，称为“记念”。佩戴时，佛头和背云垂于背后，三串记念垂于胸前。

清代后期，民间也流行在颈部佩戴蜜蜡串，这类用琥珀制成的项饰，在当时是比较朴素的装饰物。

明清时期，项圈锁是流行挂在孩子脖子上的饰物。项圈与锁片相互结合而制成。那时人们认为，佩戴这样的饰物，能保护孩子，辟邪祛灾，寓意将孩子锁住，留在人间健康长大。清代嘉庆年间，扬州的手工作坊里，流行制作一种华丽的项圈锁，为海棠四瓣的式样，在颈部有一瓣，长约 23 厘米，镶有猫眼石，用隐藏的钩子搭住，可以脱卸。在胸前有一瓣，长约 20 厘米，镶嵌红宝石一粒，也隐藏一

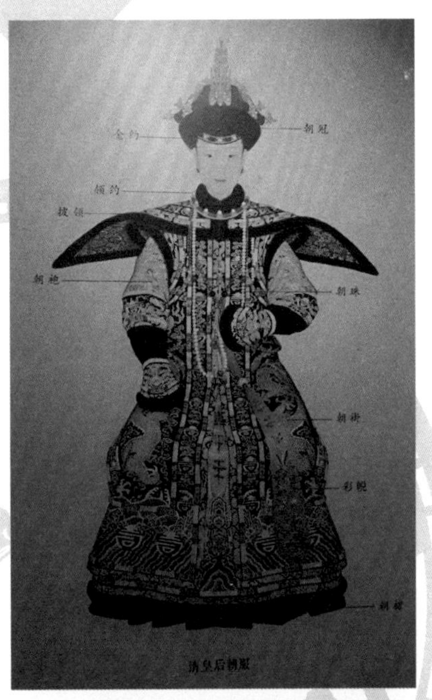

清代皇后像
首都博物馆说明

东珠朝珠
首都博物馆展出

些灵巧的小纽结。左右各有两瓣，长约 17 厘米，刻有梅花图样，镶嵌三十六粒珍珠。项圈上还配有白玉环九个，锁上有海棠花纹，一圈镶嵌有翡翠。锁下还缀有东海珍珠九串，每串九颗。最后缀上蓝宝石，可以垂到肚脐上。锁片式的颈饰，民间的年轻女子也有佩戴的。在清代沈复的《浮生六记》中记载：“其粉头衣皆长领，颈套项锁。”

白玉锁佩
天水市博物馆藏

小孩子还常常戴长命锁。清代的小孩儿脖子上都喜欢挂一副锁头，锁上还刻有一些吉利话，像“吉祥如意”“长命百岁”等。通常在孩子满月或者满一周岁时，由家中亲友相赠，希望孩子健康成长。戴长命锁的习俗，一直延续到现在。

腕饰

| 腕饰 |

腕饰，主要是指佩戴在人体腕部的饰品，通常装饰在手臂、手腕、脚踝等处。腕饰的佩戴不分男女老幼。根据佩戴位置的不同来分类，一般有臂钏、条脱、百索、手镯、脚链等。

臂钏，起初男女都戴。在敦煌石窟的菩萨画像中，臂钏常常出现。最早起源于北方古代游牧民族，在河北怀来北辛堡战国墓中有所出土。秦汉之后传入中原，后来慢慢演变为汉族女子佩戴的饰物。《说文解字》中讲："钏，臂环也。"根据制作的质料不同，分为金钏、玉钏、银钏、琉璃钏、琥珀钏等，汉代的钏镯种类很多。据说东汉时，孙程等十九人，拥立顺帝有功，赏赐时，各自得到了金钏、指环等。

| 新石器时代玉镯和玉玦 浙江省文物考古研究所藏 |

| 3200 年前涡纹骨筒　卡约文化 |

唐代之后更为普遍，最初大多是圆形的，像手镯一样，一般左右腕各自套上几只，行动起来便会发出声响。宋代时，出现了螺旋状的套镯，以扁圆为美，扁圆形的金银条转成螺旋状，多的有十多圈，称为“缠臂金”。明清时期，工艺更加多样。有的朴素无华，以一只为美，用金、银或玉制成。有的繁琐富丽，多种贵重材料和工艺制作而成。以金为骨，加上盘丝、嵌丝、镶嵌珠宝等，或者以玉为骨，包金或者镶银，雕刻精细。

西安何家村出土过唐代的一对金镶玉钏，每只以三节玉件用三枚兽头型合金页衔接而成，极为精巧。宋代沈括在《梦溪笔谈》中曾经写到他见过一对玉臂钏，“两头施转关，可以屈伸，合之令圆，仅于无缝，为九龙绕之”，足见制作工艺之巧妙，令人叫绝。但是这样精美的臂钏出土并不多见。一般的臂钏多用柳叶形金银片弯曲而成，两端尖细的部分缠金银丝，并绕出环眼，有的还在环眼上再用小银圈穿过。

自汉至唐宋，也流行用五色丝编制为绳，戴在臂腕上，一般用在端午节前后，相传有避灾驱邪的作用。汉代刘歆在《西京杂记》中介绍，这种五色丝，在七月七时拿出来，男女相互系上，称为“相连爱”。宋代陈元靓在《岁时广记》中介绍，这种五色丝，用在端午，能够避鬼和祛病，又叫作“长命缕”和“续命缕”等等。这种五色丝名字很多，说明这种装饰物在民间得到广泛的流传和使用，各种方言叫法非常多样，由来已久。

条脱，也称“条达”“跳脱”等，是外来语，汉语就是“钏”，三五圈或十几圈，两端多用金银丝编成环套，以便调节松紧。《宋史》中记载：“定礼……黄金钗钏四双，条脱一副，真珠虎魄璎珞。”宋人吴曾在《能改斋笔记》中还讲到一则唐代的故事，说当时的唐文宗有一天考问群臣：“古诗里有‘轻衫衬跳脱’一句，你

缠枝和龙纹金镯　首都博物馆展出

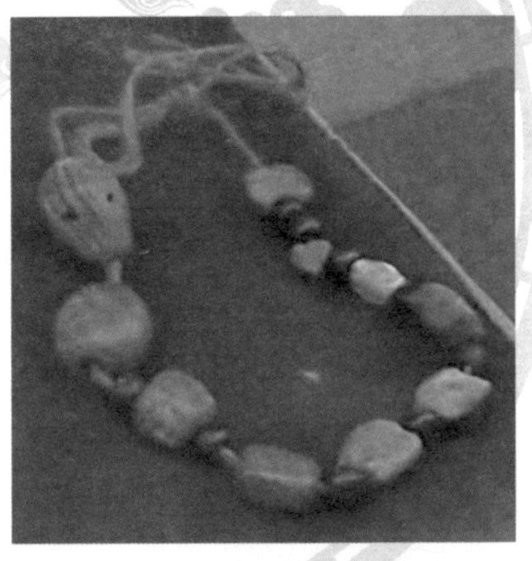

魏晋时期珊瑚珠手串　嘉峪关长城博物馆藏

明代铜镯　甘肃省博物馆藏

们有谁知道‘跳脱’是什么东西？”大家都答不上来。文宗告诉他们：“跳脱即今之腕钏也。”《全唐诗话》中也记载了这个故事。

到了明代，琥珀钏比较流行。陈继儒的《珍珠船》中记载，东昏侯为潘妃制作了一只琥珀钏，价值连城。

清代男子的手腕上也喜欢戴装饰物，戴在女子手上的叫“手镯”，戴在男子手上的叫“翠臂”，这种类似于女子手镯的饰物，在元代就已经出现，当时称为“翠腕阑”。翠臂，也是“翠腕”的意思。女子戴翠绿色的玉镯为上品，男子的手腕装饰物也以绿色为佳。女子手镯的样式繁多，有圆条、扁口、扁平、串珠等。圆条式样更为古朴，扁形的佩戴更为舒适。

制作手镯的选材也比较多样，金银、珊瑚、翡翠、玳瑁、珍珠、白玉、碧玺、迦南香等迄今都可见到。多种材料也可借助镶嵌、点翠、

清代玉镯
故宫博物院藏

累丝等工艺相互结合，相互衬托。蝙蝠、佛手、万字纹等也常用在手镯上，寓意福寿康宁。明清时期比较流行虾须镯，这是用虾须一样又细又长的金丝拧成的，工艺上特别讲究，是非常精细的一种金手镯。

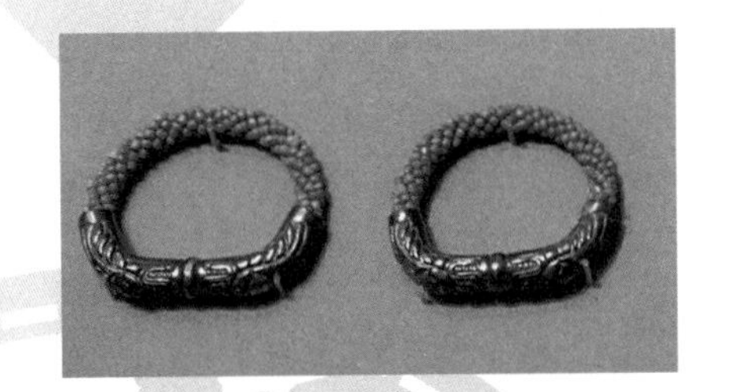

珊瑚手镯 首都博物馆展出

翡翠手镯 首都博物馆展出

伽南香手串 首都博物馆展出

手串，源自于念珠，本来是念经诵读时用来计数的工具，后来渐渐失去了实际功用，变得越来越具有装饰性，材料也越来越华丽。珊瑚、碧玺、翡翠、青金石、玛瑙、蜜蜡、水晶等都被用来制作手串，使得手串逐渐成为戴在手腕上的一种首饰。大多数珍贵的手串是用珍珠等穿缀而成的，清代常用龙眼般大小的珍珠。信佛的人也常用沉香等木珠穿成，再配上翡翠、珊瑚等制成的佛头。上等的迦南香，配上紫金锭，香气馥郁，还能够驱虫避瘟，有益身心。

这种香珠串，一般每串十八粒，因此又称为“十八子”，用彩丝连缀而成，间隔配有其他珠宝，缀上丝绦，主要在夏天佩戴。后来，不仅可以戴在手腕上，也成为一种装饰物，挂在身上。清代晚期还有把十八子手串，穿上佛头，挂在衣襟扣袢上的，有诗曰：“沉香手串当胸挂，翡翠珊瑚作佛头”，说的就是挂扣上的佛头，正是为了这种佩戴方式而设计出来的。

这类环形物，也有佩戴在其他部位的，如脚镯。佩戴在脚踝部位的环形装饰物，通常用金、银、玉等制成。有的还缀有小铃铛，一般戴在儿童的脚上。也有女子佩戴的，一般在过节出门游玩的时候，有穿着短袜子和绣花鞋子的，也有光着脚而只戴着银脚镯的。在送人礼物时，手钏和脚镯常常同时出现。

另如鼻环，清代江淮一带的汉族男女喜欢在鼻子上戴一种圆形的饰物，这是在模仿圆环穿过牛的鼻孔。当地人给孩童也挂个小圆环，认为这样孩子容易养活，一般是用银制成的。中国南方有些少数民族地区有这样的装饰，其他地方并不多见。

鼻环　甘肃省博物馆藏

手饰

手饰

手饰，在这里主要是指佩戴在手指上的装饰品，古代大多称为“决”“韘”，现代多称为“戒指”“护指”，戴在大拇指上的较为特殊，称为“扳指”。

《诗经·小雅·车攻》中记载：“决拾既佽，弓矢既调。”这里的“决”，就是“钩弦”。“拾”是套袖，都是射箭时候保护自己的装备，大部分用骨或象牙制成。古代类似的饰物，一般称为“韘”，在汉代许慎的《说文解字》里记载：“韘，射也。”这说明，这种饰物是骑射时所用的一种物品，早期是有实际功能的。“韘”初见于商代，在春秋、战国的时候就流行使用扳指了。扳指经常戴于握弓之手，这样，雕翎箭从握弓之手的拇指处飞出，扳指起到了护手的作用。

汉代时有一种“弨环”，汉代刘歆《西京杂记》卷一中记载：“戚姬以百炼金为弨环。”而皇上很讨厌这种装饰，另赏赐了鸣玉耀光各

春秋时期　玉韘
山西省考古研究所藏

四枚。书中还记载赵飞燕当皇后的时候，拥有不少珍贵的饰物，像“五色文玉环、同心七宝钗、黄金步摇、合欢圆珰、琥珀枕、龟文枕、珊瑚玦、马脑彄”等。周处在《风土纪》中记载：“盖妇人所作金环，以鍩指而缠者。”这是说妇女把金属物附着在手指上，环绕作为装饰物。

清代男子喜欢佩戴的扳指，最早是用鹿的骨头做的，拉弓射箭时，保护手指，防止弓箭造成的擦伤。不打仗之后，渐渐出现了玉石和金银等贵重材料做的扳指，象征着贵族身份和权势地位，也体现尚武的精神。满族八旗子弟在弱冠（古人20岁行冠礼）之前，照例要到本旗弓房锻炼拉弓，从“一个劲儿”（十千克拉力）循序渐进为“二十个劲儿”，优秀的子弟能够练成“三十个劲儿”。

满族八旗子弟非常重视扳指，人手一枚，因为练弓射箭是他们重要的生活内容。辅助习武的扳指，由于满汉两族广大男士的欣羡与效颦，竟使之成为一种极为流行的佩饰品，上自皇帝与王公大臣，下至满汉各旗子弟及富商巨贾，虽尊卑不同而皆喜佩戴。

清代曾国藩的《江忠烈公神道碑铭》中记载：“上嘉公功，赏二品顶带，赐翎管班指诸物。”这里说的“班指”，就是“扳指”。这段记载是说，皇帝赏赐这位有功劳的武将，他得到了作为奖赏的扳指等物。

到了清代后期，扳指逐渐演变成左右手都可以佩戴的饰物，成为一种装饰，佩戴也不限于武将。其质地亦由原来的犀角、驼骨发展为象牙、水晶、玉、瓷、翡翠、碧玺等名贵滑润的原料。普通旗人佩戴的扳指，以白玉磨制者为最多，从表面上看，优劣不相上下，但是实际的用料和精细程度却有天壤之别。贵族扳指以翡翠质者为上选，其色浑澄不一且花斑各异，满绿而清澈如水者价值连城，非贵胄而不敢轻易佩带。以其大小厚薄论，又有文武之分，武扳指多素面，文扳指多在外壁精铸诗句或花纹。

清代玉扳指及盒　首都博物馆展出

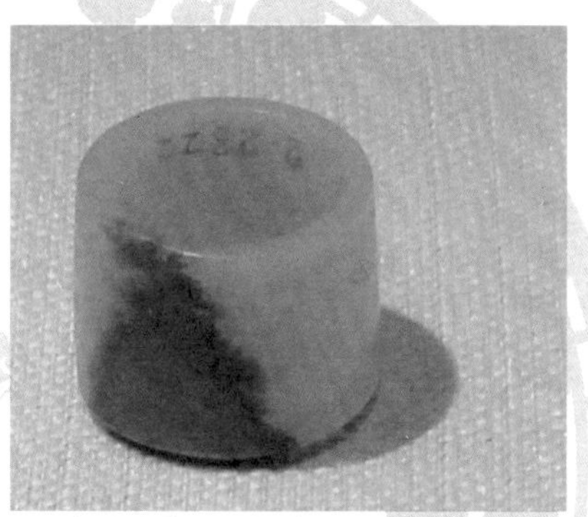

黄玉刻诗扳指　首都博物馆展出

手指上的装饰物戒指，取义为“约之于指”，俗称“镏子”，用贵重金属和宝石来制作，起初一般戴在左手的三指和四指，后来发展为每根手指均可以佩戴，不同手指的佩戴寓意不同，一般大拇指是不戴的。早期的戒指大多是银制的指环，作为某种身份的标识物，这种标志逐渐失去特定意义，演变为普通的装饰物。戒指的式样可分为两类：一类造型圆润，戒面上可有文字图样，大多是“福寿吉祥”；另一类造型纤细，镶嵌珠宝，简洁大方。

相传汉魏六朝时期，有一种“金刚指环”，就是当今流行的镶嵌着钻石的指环，类似于今天的钻戒，从域外传入中原。在元嘉五年，天竺迦毗黎国，国王派使臣来到中原，献上了“金刚指环，摩勒金环”，以及其他宝物。《三宝太监西洋记通俗演义》中也讲，到了苏门答刺，“进上金刚指环一对，摩勒金环一对”。

镶红宝石戒指 新疆维吾尔自治区文物考古研究所藏

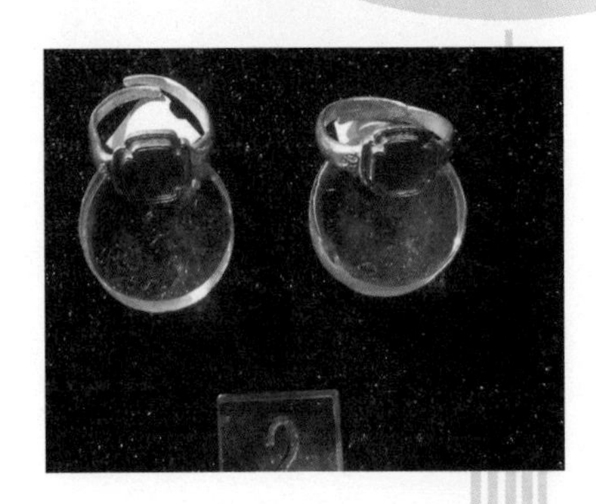

明代金戒指 南京市博物总馆藏

古人以“同心指环”作为定情信物，相传这种“同心指环”是从西域传入的。这种指环，用金银制成，首尾相连接，意味着永久不断。《晋书·西戎传》中讲：“娶妇人，以金同心指环为聘。”清代徐珂的《清稗类钞·服饰》中讲：“大宛娶妇，先以同心指环为聘，今乃以为订婚之纪念品。”

到了清代中期，八旗男女都喜欢戴戒指。式样非常多，以光面戒指（即无花者）为最普通，或作扁圈式，或作圆筒式，或作面部（即指盖部）之凸起式者不等。上有铸字者，如“福寿绵长”

或单个的“福”字或“寿”字。八旗子弟和朋友各戴一枚戒指，皆铸有“二人平心”之字样，表示团结精神，夫妻间亦有借用此种戒指以表示心地无二者。戴于指上，含有警戒之告示，其上镌有“戒烟”“戒酒”“戒色”之字样。后来，汉族人士亦多效此风。凡劝人戒烟戒酒戒色者，聚资为之镌一戒指赠之。八旗子弟最普通的戒指，多镌有自己的姓名。清代有镀金的指环，称为“镀环”。厉荃在《事物异名录》卷一六中记有这种手指装饰物。

护指是清代妇女戴在手指头上的一种装饰物，纤细如春葱。使用时套在指尖，主要是保护指甲，以免折断。一般都套在中指或者小指上，也有十指都套满的。粗细按照手指定制，逐渐缩小变细，长约10厘米，指端处封闭起来，背面一般是镂空的，便于手指透气。质地有金、银、玉或玳瑁等，金做的叫“金护指”，玉做的叫“玉护指”。一般来说，制作工艺比较讲究，有镂刻、累丝、嵌宝、点翠等，有的缀有小粒珍珠，有的还挂着小小的流苏，精巧别致。贵重的有佩戴“金指甲”的，大多使用吉祥图案，如花朵、古钱、桃符或者喜寿等样式。清代宫廷的嫔妃们都非常喜

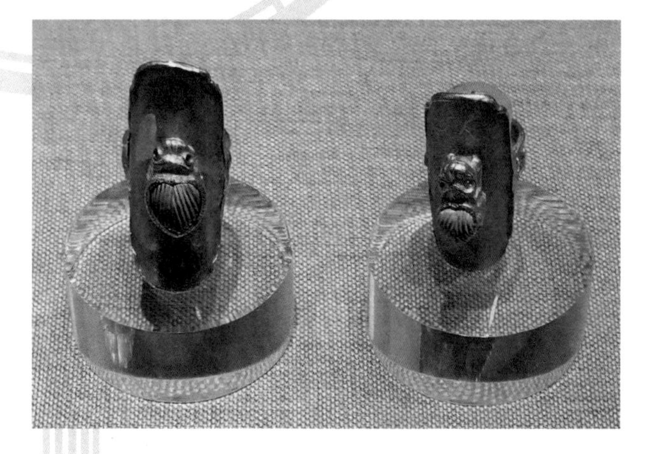

蟾蜍松石金戒指　内蒙古文物考古研究所藏

欢这种饰物。以前的女子都喜欢留长指甲，认为这样比较美观，有的长达 13 厘米，偶尔修剪一下。民间常佩戴银护指，又叫“银指甲”。“纤指十三弦，细将幽恨传”，古往今来，多少红颜，已随时光消逝，只有曾经佩戴过的首饰，穿越时光，尚可为后人一睹芳容。

腰饰

| 腰饰 |

腰饰，是腰间携带的佩饰，装饰讲究的部分主要是腰带或带扣，古代男女流行佩戴玉器，寄托文化期望或理想，佩玉根据造型不同和位置不同，有特定的名称。腰部装饰由来已久，各种贵金属玉制腰带和钩扣出土较多，这些都可以彰显主人的尊贵身份。男子多佩玉，而女子多佩戴各种实用功能的小器具，如彩帨、禁步等。

《周礼》中讲，“古之君子必佩玉”，一般只有在故去时才摘掉。先秦时期，中原各诸侯国流行在腰间佩戴玉佩，每个地域追捧的玉石不尽相同。如楚国有白珩，是大佩最上面的横玉，以没有颜色的玉为最美。两端或中间各钻一孔，上连挂钩，下缀珠宝，形状如磬，但是稍小一些。到了唐代，守国戍边的男子身上可以佩戴的，也称为“珩”。而参

|3200 年前金挂饰和金贝　卡约文化|

| 春秋时期玉虎　山西省考古研究所藏 |

加战斗的男子佩戴的称为“璩”。都印证了男子佩戴美玉的风俗。

赵国以连城玉为最美，当时有个地方叫作垂棘，盛产美玉，到了汉代还记载着垂棘璧。据说，这是与广为流传的“和氏璧”可以相媲美的一种美玉。班固在《西都赋》中提到了多种珍贵宝石的名称，如“翡翠火齐，流耀含英，悬黎垂棘，夜光在焉”，这些宝石包括翡翠玉、火齐珠、悬黎玉、垂棘璧、夜光珠等等。

在《孙子兵法》三十六计中，第二十四计是“假途伐虢”。这个故事讲的是，公元前658年，晋国的晋献公为了开拓疆土，采用了荀息的谋略，通过向虞国行贿来借用道路去攻打虢国。当时晋献公选用了两样宝物，一件是有着“屈产之乘”美名的宝马，另一件宝物就是“垂棘之璧”。这两样宝物送给虞国的国君之后，换来了虞国的通道，晋国出兵攻打了虢国。三年之后，在灭掉虢国后，晋军在回来的路途上，也顺便把虞国消灭了，宝物又重新回到晋献公的手里。

男子佩戴美玉的风俗由来已久，汉代贾谊在《新书》中曾经写过，“古者圣王，鸣玉以行”，这是说，古代圣贤的天子，出门的时候身上都要佩玉，走起路来，会发出声音。这些有社会身份的男子佩戴的玉，有特定的形制和讲究。

先秦时期，杂佩很流行，各种美玉穿在一起，佩

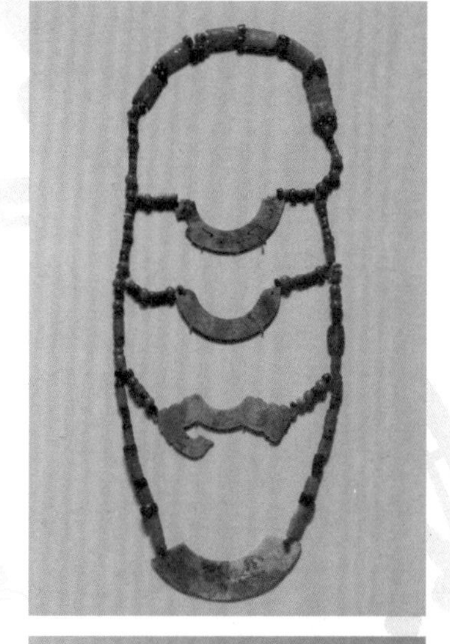

|西周　三璜连珠玉组佩 陕西省考古研究所藏|

|西周　四璜联珠玉组佩 河南博物院藏|

戴在身上。汉初失传，汉明帝时，重新考证又颁行。到了宋代，再次重新考证古法，沿袭多年，直到清代时才废止。玉佩的各个组成部分，都有特定的称呼，像“璜”，是半个玉璧。佩上端有珩，下垂三道，穿缀着珠子，璜是系在两旁之下端的玉器。像“琚”，是居于正中的玉器。另有“冲牙”，两端都比较尖锐，横系在“瑀”下，和璜的位置相齐，走路时碰撞有声。珩的位置最高，璜是圭璧，琚是佩玉，形状是正方形，瑀是像玉的白色石头，比玉稍次。有的玉佩还用到“玖”，是像玉一样浅黑色的石头。《诗经·卫风·木瓜》里记载：“投我以木瓜，报之以琼琚”，琼琚，就是美玉。悬挂的美玉，在走路时，相互冲击发出悦耳的声音，玉声和谐，意味着君子行为合乎节奏韵律，美好有矩。玉也被认为是具有“五德”

的美好佩饰，象征君子具备的“仁义智勇廉”端正品行。

男子饰物除了玉佩这种较为隆重的之外，还有“玦”。形状如环，但不是整圆，四分缺一，中间有圆孔的，都称为“玦”，可以用作男子的腰饰。女子也有用来当作耳饰的。玦，有决断、决绝的意思。春秋战国时期，男子右侧多佩戴玉玦。《史记·项羽本纪》中记载：范增三次举起佩戴的玉玦，暗示项羽立刻做出决断，杀掉刘邦，可惜项羽装成看不见，错失良机。《孔丛子·杂训》中记载：“子产死，郑人丈夫舍玦佩，妇女舍珠瑱。”子产以仁爱闻名，他去世时，民间百姓十分悲痛，男女衣着去掉佩饰，不鸣乐器，哭声不绝。

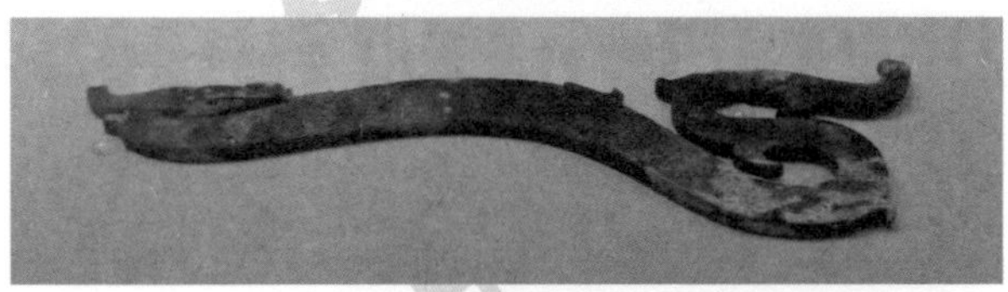
|东周　龙形玉佩　荆州博物馆藏|

|楚国　双龙形玉佩　荆州博物馆藏|

|战国　龙鸟鱼形佩　荆州博物馆藏|

春秋战国时期，达官贵人常用一种用贝壳、珠玉等珍宝装饰的腰带。据说是从西部少数民族传入中原地区的。相传，周穆王就使用过“贝带”，赵武灵王也用过，史记当中也记载了不少使用贝带的皇家贵族，王国维认为这种贝带原本来自于胡地，但是胡地没有太多的水，也基本不产贝，可能是用黄

金制成的，在胡地称为“具带”，传到内地之后，改用贝壳装饰。在广州西汉南越王的出土墓葬中，还有镶玻璃的贝带。

系腰带的实用物件是带钩。因其对于当时男子穿衣而言，必不可少，所以在带钩上常常另加金、银、玉石、犀角、象牙等装饰，或者直接由这些贵重材料制成，因此，一只完全用黄金打造的腰带钩，往往身价不菲。一般的带钩材料是骨、石、铜、铁等，包含钩首、钩体、钩钮等三部分。钩体正面往往特意装饰，或者刻上铭文，最初出现在周代，春秋之后流行开来，魏晋时期渐渐式微。战国时期西域的带钩传入中原，形制与以往有所不同，逐渐被接受流行起来，取代了之前的款式。《祥异记》中记载：长安民曾经遇见一只斑鸠飞入怀里，变化成他腰间的金带钩，从此，他发家致富，子孙传承数代不衰。《汉书·匈奴传》记载：“黄金师比。”有的写成“犀毗”，就是对当时西域的腰带钩的称呼。

男子喜欢佩戴有兽形的

西汉　玉佩
江西省文物考古所藏

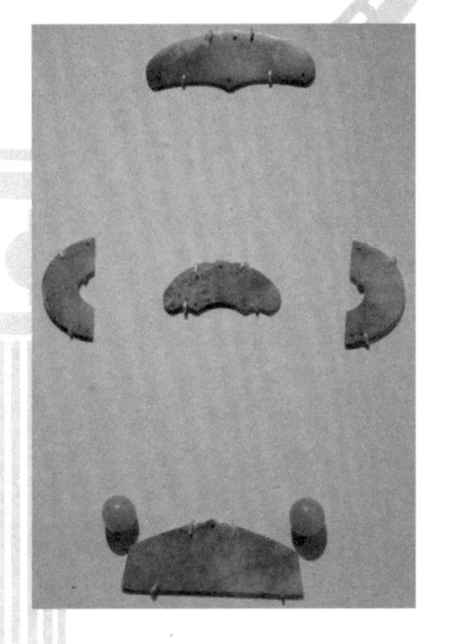

魏晋　玉组佩
曲阜博物馆藏

| 金腰带 |

| 玉腰带 |

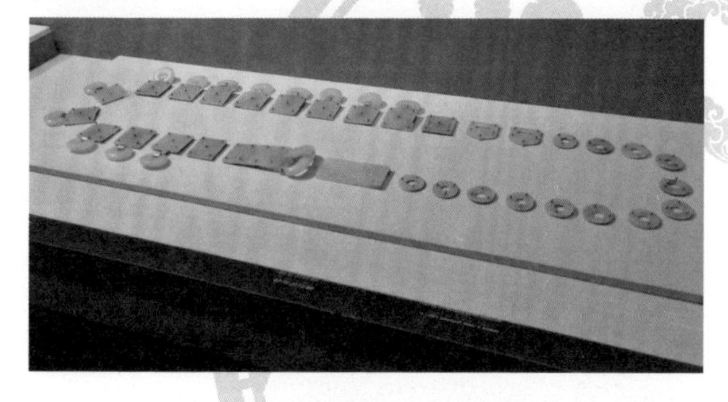

| 汉代　兽面金带钩扣　甘肃省博物馆藏 |

饰物，《史记》中记载，孔子的弟子中，有一位叫子路，尚勇有力，性格耿直，他喜欢佩戴猳豚形的佩饰。清代男子身上喜欢佩戴九龙佩，雕刻有九条龙的纹饰，以求祥瑞。一般由玉石、玛瑙、琥珀等制成。御史大夫一类官员，身上佩戴的称为“豸佩”。豸，是古代一种没有脚的虫。这类虫喜欢水，一遇到水，就非常活跃，没有水，就不动了。也有一种说法认为，它是像猫或者虎一类的兽类，脊背比较长，古代人认为，这种豸，是公正诚信、明辨是非的神兽。

无论是唐诗“新裁白苎胜红绡，玉佩珠缨金步摇”，还是宋词“步摇环佩丁东”，都描写了女子头戴首饰，身系腰饰的美好姿态。腰饰常常使用更多、更大颗、更为奢华的珠宝。《礼记》中曾经描写过出嫁的女子，在腰间左右各自必须要佩戴的一些饰物，这种风俗传承下来。

帨，女子的佩巾，就是为人妻后要佩戴的一种饰物。古代女子出嫁时，由母亲“施衿结帨”。

到了清代已经演变为彩帨，华美精细。这种彩帨，佩戴在第二颗纽扣上。长约一米，上窄下宽，下端收尖。上端系有挂扣、结珠、环佩等物，环佩下垂丝绦多条，坠有觿、鞘、荷包等物。彩帨上部穿腰结，有的是圆珠形状，有的是长条。配件有的用翡翠、珊瑚、白玉、松石、珐琅、金银等材质，繁复精美。皇后一般佩戴的彩帨是绿色的，绣有五谷丰登的纹样，丝绦都要用明黄色，其他妃嫔则使用祥云瑞草。以往汉族女子的佩巾，都根据上衣下裙的衣着款式，挂在裙子的腰间。但是清代满族女子的衣着有了很大变化，系在裙子上的佩饰，很多都改成挂在衣服的纽扣上了。

汉代　金带扣
天水市博物馆藏

彩帨上有时还挂着一种古老的佩饰“觿”，这是一种锥形的解结用具，分大小，大多使用骨、象牙、玉石等坚硬材料制作而成的，本来是随身携带的用具，后来发展成佩饰。据《礼记》中记载：嫁入夫家的妇女，通常把小觿佩在左侧，如果是大觿，则佩戴在右侧。觿，实

| 喜字玉牌和翡翠玉佩　首都博物馆藏 |

际功能是用来解开纽结，《诗经》中有“童子佩觿”的诗句，这意味着年幼的孩子已经具备了成人之“德”。尾端是尖锥形，另一端可以做成龙虎祥云等纹样。

清代女子一般挂在身上的一种佩饰，叫“多宝串”。用丝线把多种宝物连接在一起，挂在衣襟领下的第二个扣子上。宝物的质地因个人的身份地位而不同，常见的多是用珠宝金玉制作，有牙剔、耳挖和各式的小物件等。

以前历朝女子使用的环佩，一种圆形中间有孔的玉器，一般系在女子的裙子上。走路的时候，裙上的环佩，叮叮当当地响动，悦耳动听。历代常称之为“禁步”。到了清代，也改成挂在扣袢上了。这些佩饰，一般选用上好的翡翠、碧玺，雕刻有葫芦、寿桃、蝙蝠纹样，或者用佛手、石榴等，取义“多子多福”，工艺精湛，甚为美观。

结语

| 结语 |

尽管在人类服饰和装扮中，首饰是搭配衣着服装的辅助饰物，但是如果搭配得宜，往往能够发挥画龙点睛的作用，令人眼前一亮，视线有所依托。

迄今为止的考古发现告诉我们，从遥远而古老的石器时代，首饰就已经产生了，骨制、贝制、玉制等均有珍贵的文物出土。这些器物不少是史前人类的巫术活动和祭祀仪式的组成部分，标志着人类早期的信仰和宗教活动内容，往往具有超越现实的神秘功能，既是人类获取自然力量的源泉，也是人类与神灵对话的媒介物。

佩戴首饰，美化身体，是首饰产生的原因之一。这是源自人类生理需求的基本动因。悦目而赏心，往往能够使得个体获得更多的社会资源，占据优势地位。在人类早期，颈饰、腰饰较为突出，连缀而成的制作方式较为普遍。作为对于自然装饰物的模仿，人类的颈部和腰部能够支撑较为大型的装饰物，更容易被看到，醒目而突出地表明佩戴者的优势。这一时期不以小巧精致为美，而是以自我炫示为目的，吸引关注。

城邦的建立和国家的发展，使人群的贫富差距和社会身份差异加大，首饰也成为不同族群和阶层的文化标识，主要是反映佩戴者的社会地位，同时彰显着家族财富或身份等。自商周起，礼法制度愈加严明，首饰已经作为礼法仪轨的重要组成部分，严格标示着社会的等级身份。佩戴什么样的首饰，佩戴的时间、场合乃至佩戴的材质、颜色等，都随着社会地位的变化而有细致的规定，不可逾矩。“身体发肤，受之父母”，这种思想令人们蓄发而不做修剪，因此长发绾髻流行于社会，不分男女。社会重视“冠冕”身份，相应的，各类头饰较为丰富。这一时期，首饰必须符合礼法制度的要求，这种社会意义显得格外重要，从而丰富了首饰的意涵。

随着人类文明的发展，各类首饰大多以贵重金属和宝石等制作加工而成，价值不菲。原材料的发现和加工技术的发展，令首饰的加工技艺越发精湛细腻，后期出现了多种工艺叠加的设计思路和高超技巧。首饰所蕴含的信仰追求、美化功能和社会文化意义等，也逐渐混合交织，边界变得模糊不明。

在当代，首饰的设计理念和手艺技巧，甚至已经超越了珠翠宝石的本身价值，而成为首饰类品牌受人追捧的主要内涵。同时，由于技艺的提高，首饰的佩戴以小巧、简省、玲珑为美，耳饰和手饰因其重量轻、体积小、更易使用昂贵材质，更能表现精妙技艺，也不影响日常生活和工作，而备受推崇，成为比较常见的装饰品。

图书在版编目（CIP）数据

首饰 / 宋颖著 ; 萧放本辑主编. -- 哈尔滨 : 黑龙江少年儿童出版社, 2020.9（2021.8 重印）
（记住乡愁 : 留给孩子们的中国民俗文化 / 刘魁立主编. 第七辑 : 民间礼俗辑）
ISBN 978-7-5319-6547-3

Ⅰ. ①首… Ⅱ. ①宋… ②萧… Ⅲ. ①首饰－中国－青少年读物 Ⅳ. ①TS934.3-49

中国版本图书馆CIP数据核字(2020)第182064号

记住乡愁——留给孩子们的中国民俗文化 刘魁立◎主编

第七辑 民间礼俗辑 萧 放◎本辑主编

首饰 SHOUSHI 宋 颖◎著

出 版 人：商 亮
项目策划：张立新 刘伟波
项目统筹：华 汉
责任编辑：唐 慧 于 淼
整体设计：文思天纵
责任印制：李 妍 王 刚
出版发行：黑龙江少年儿童出版社
（黑龙江省哈尔滨市南岗区宣庆小区8号楼 150090）
网 址：www.lsbook.com.cn
经 销：全国新华书店
印 装：北京一鑫印务有限责任公司
开 本：787 mm×1092 mm 1/16
印 张：5
字 数：50千
书 号：ISBN 978-7-5319-6547-3
版 次：2020年9月第1版
印 次：2021年8月第2次印刷
定 价：35.00元